科普漫畫系列

趣味漫畫 十萬個為什麼

洋洋兔 編繪

新雅文化事業有限公司
www.sunya.com.hk

小淘

聰明、淘氣的小男孩，好奇心極強，經常向叔叔提出各種問題，其中不乏讓叔叔「抓狂」的問題。

南南

小淘的妹妹，善良、可愛，經常熱心地照顧和幫助周圍的人。她也像大多數女孩子一樣，愛打扮、愛漂亮。

叔叔

十分博學，無論什麼樣的問題都能給予答案。他也很愛幻想，總覺得自己有一天能成為超級英雄。

布拉拉

來自誇啦啦星系的外星人，因為飛船出現故障被迫降落地球，被這個神奇而美麗的星球吸引住了，於是寄住在小淘家學習地球的文化。

一個外星人的奇遇

布拉拉在太空漫遊時，不小心迷失了方向，撞到了地球上（實際上是不好好學習自己星系的文化，被踢出來的）。他被地球美麗的景色所吸引，於是決定定居下來，開始拚命地學習地球文化……

呼！

啾—

轟隆—

啊……
救命啊！
這是什麼
怪物?!

劈一

轟！

這怪東西居然會
發電?!

痛死了！

站住！

可惡，把車賠給我們！

布拉拉就這樣被留在地球上⋯⋯

做快點！你要做25年家務，才能還清欠我們的買車錢！

我真命苦啊⋯⋯

目錄

為什麼人們都說猴子聰明?

別小看猴子,牠們比一般動物聰明多了。

牠們真聰明啊,我還沒學會騎單車呢!

根據達爾文的進化論，人類和猿類有共同的祖先，屬於靈長類動物，大家都是經過漫長的演變而來的！

猴子也是靈長類動物的一種，所以牠們也很聰明。

看來要好好教導你認識地球上的生物了。

猴子很聰明，懂得模仿人類的動作。

我聰明都是因為我的腦袋比較大。

猴子的大腦重量佔體重的1.6%，而人腦也不過佔體重的2%。而且猴腦表面像人腦一樣布滿了皺褶——大腦中皺褶越多越聰明！

猴子擁有很高的智力，牠們懂得使用工具，能有組織地打獵，猴羣中也存在「階級」和社會行為，並且能發展出初步的自我意識。

噢！我懂了。

這位是我從馬戲團請來的師傅，來教我騎車的！

你給我趕快把這隻猴子送回去！

為什麼小狗在熱天要伸出舌頭？

那隻小狗看見我們吃雪條，饞嘴得流口水啦！

才不是呢！小狗是舌頭在出汗，給自己降溫呢！

好神奇呀！為什麼會這樣呢？

狗和我們人類一樣，是哺乳類動物，身體有穩定的體溫。我們的身體散熱時，需要讓熱量通過汗液散發到體外，這樣身體才能保持健康。

狗的汗腺主要是分布在舌頭上。在炎熱的夏天，狗為了維持正常體溫，就只好常常伸出舌頭來散發身體的熱量。

除了舌頭，狗還有一部分汗腺分布在腳趾縫。

為什麼斑馬身上有黑白斑紋？

啊！原來是斑馬呀！嚇死人了！

哈哈！我們可以騎馬回家啦！

這些斑馬是野生動物，我們不能隨便捕捉牠們呀！

我們平日策騎的馬身上是沒有黑白斑紋的。

原來是這樣啊！為什麼斑馬身上有黑白斑紋呢？

一定是有人塗上去的！

這樣做會危害動物的生命啊！這些斑紋可是斑馬數百萬年進化的結果。

這種黑白斑紋在光線的照射下，反射的光線各不相同，會令影像變得模糊，這樣捕獵者就難以確認斑馬的位置啦！

那些斑紋讓我眼花繚亂了！

為什麼獅子總是追着我？

因為你身上幾乎沒有斑紋，我就看到你了。

百萬年來，沒有斑紋的斑馬因為容易被猛獸攻擊而滅絕，有斑紋的斑馬則倖存了下來，所以有些科學家認為這種斑紋是適應生存環境而進化出來的保護色。

啊，真是討厭的斑紋！

有些科學家則認為斑馬身上的斑紋能分散蚊蟲的注意力，從而避免被蚊蟲叮咬。

你不是我家的成員！

原來斑馬的黑白斑紋有不同的功能呢！

不同種類的斑馬身上的斑紋也不一樣，這是牠們辨別親屬的特徵。

為什麼馬是站着睡覺的？

你有所不知了！其實所有馬都是站着睡覺的。

這隻馬是短跑冠軍嗎？

晚上的時候，與其他家畜不同，馬大部分時間都是站立着，閉着眼睡覺。

因為野馬的不少天敵都是在晚上捕獵的夜行動物，例如狼、獅子、老虎。而馬沒有尖牙利爪用作自衛，牠們只能拔腿逃跑，所以馬在晚上不會躺下來睡覺，以保持高度警覺。

哈哈，我的美味大餐！

即使在白天，馬也是站着打盹。揚頭站着、閉眼睡覺的姿勢使馬一旦察覺到危險，就能第一時間逃跑。

噓！別吵，牠正在午睡呢！

雖然在睡覺，可是我仍然保持高度警覺，嘿嘿。

馬常常會在樹蔭下閉起雙眼打盹，以恢復體力。

真厲害！我能學會這個本領就好了！

你學這個又沒有用。

當然有用啦！這樣我就能隨時起來吃飯！

為什麼青蛙在下雨前叫得特別起勁？

因為快要下雨啦！所以青蛙們叫得特別響亮。

那青蛙在叫啊！

小淘，那是什麼聲音？好可怕！

青蛙是用肺部呼吸的，除了肺之外，光滑、濕潤的皮膚也能幫助牠們呼吸。下雨天時，空氣濕潤，青蛙的皮膚表面就能吸收更多的氧氣，於是牠們就會活躍起來，自然叫得起勁。

為什麼雞要吃小石子？

怎麼今天的碗好像感覺特別重啊？

啊！飯裏有石頭，我的牙齒呀！

布拉拉，你是怎麼淘米的？

我看見小雞在吃小石子，就在飯裏也放了一些！

雞是鳥類,我們是人類,跟牠們吃的是不一樣的!

為了我們的生命安全,看來必須給這個外星人解說一下雞的消化系統啦!

我們的嘴裏沒有牙齒,不能咀嚼食物。

雞的嘴巴裏並沒有牙齒,所以不能在嘴裏好好咀嚼食物。牠們只能利用尖利的啄來切割食物,然後直接吞下食物。雞吃下小石頭就是為了幫助消化食物。

食道

嗉囊

腸臟

砂囊(胃)

雞吃下的小石子會儲存在砂囊中。砂囊的胃壁肌肉堅韌發達,加上小石子後,它就像一個攪拌機,能把食物磨碎,幫助消化食物。

為什麼老鼠喜歡磨牙？

看起來很好吃的樣子……

布拉拉，你怎麼跟老鼠一起啃箱子？！

這個一點也不好吃！老鼠為什麼會啃得那麼香？

老鼠啃箱子是為了磨牙，牠們要時常磨牙，這樣往後才能好好進食。

為什麼牠們要常常磨牙呢？

要是你不養成勤磨牙的習慣，當牙齒過長的時候就會刺傷口腔了！

如果老鼠不磨牙，過長的牙齒還有可能會把下顎刺穿！所以，為了吃飽肚子，也為了不傷到自己，老鼠一生除了吃，就是不停地磨牙。

咯吱

吵死了！吵死了！

原來老鼠是因為這個原因而四處咬東西。

這些紙幣一定是被你啃的，快賠我！

這些可不是我咬的！

叔叔，為什麼豬這麼喜歡睡覺呢？

是呀！你們想知道原因嗎？

當然想知道！快告訴我們吧！

豬的身上長有很厚的脂肪，是一種很怕熱的動物。

其實我們不懶，只是不愛動。

如果動作太活躍，豬的體溫就會升高，這會讓牠們感到不舒服，所以豬不愛動。

另外，科學家發現豬的大腦會分泌一些具有麻醉作用的物質，令豬想睡覺。

我有天然麻醉劑，不怕痛！

野豬大哥，為什麼你會這樣健碩呢？

我常常四處走動，多運動，可以鍛煉肌肉！

現在人類畜養的豬是由野豬馴化而來的，但是生活在野外的野豬保留了勇猛好鬥的習性，會四處走動，所以野豬的脂肪比畜養的豬少。

所以，叔叔你要努力做一隻野豬啊！

我才不是豬！

為什麼狗會看門？

小淘，那隻小狗做錯事了嗎，為什麼牠被趕到門外？

不是啦，小狗是在當守衞看守門口呢！

嘩，地球上的小狗真聰明！

這是小狗的本能。

當狗還是野生動物時，牠們喜歡羣居生活，有很強的領地意識。狗會在周圍環境留下自己的氣味來劃地盤。每當有其他動物走近，狗就會吠叫起來通知同伴。

汪汪！有危險，快跑！

非請勿進！

人類現在會與狗隻一同生活，把牠們馴養在家裏，當作寵物。但是，狗仍然保留了領地意識。因此，小狗會把主人的家當成自己的地盤。當陌生人接近時，牠感覺到自己的領地被入侵了，就會大聲作出警告，吠叫不停。

狗會看門，也是由於狗對主人具有忠誠的特性，人們認為這種忠誠是源於小狗對母親的信賴情感或是對羣體領袖的忠誠服從。這就是說，狗會把主人視為母親或羣體領袖，對主人表現忠誠，彼此依賴。

親愛的主人。

為什麼蝸牛喜歡下雨天？

我們今天計劃去動物園遊玩的，現在只得取消啦！

那就待天氣好的時候再去動物園吧！

小淘、叔叔，你們快看！這裏有很多有趣的動物呢！

這種動物是蝸牛啦！少見多怪！

哈哈，當然不是啦！這些蝸牛是出來享受下雨天的。

牠們是出來洗澡的嗎？

蝸牛是腹足綱軟體動物，牠們的身體沒有骨頭，會分泌出黏液來黏附着物件表面移動。在雨季或環境潮濕時，牠們才會爬出來活動。

今天濕度低，不宜出門呀！

蝸牛對環境濕度很敏感。在濕度低的情況下，蝸牛不喜歡出來活動，所以晴天或光線強的時候就很少見到牠們；在下雨天，我們就很容易看見蝸牛。

那麼蝸牛不喜歡太陽嗎？

別着急，我還沒説完呢！

如果天氣太乾燥的話，蝸牛身體裏的水分會迅速減少，面臨死亡的危險。因此，蝸牛在空氣潮濕時才出來呼吸新鮮空氣和尋找食物。

太陽會把我們曬乾的。

蝸牛雖然喜歡潮濕，但牠們不能在水中生活，這會使牠窒息。下大雨時，蝸牛會從土地裏爬出來，避免被水淹。

我可不喜歡泡在水中啊！

啊，蝸牛還真難伺候呢！

因為動物們各自有不同的生活環境啊……

為什麼駱駝能夠長時間耐飢渴？

咕嚕咕嚕……

熱死了、累死了，這次沙漠旅行一點也不享受呀！

別喝掉所有水啊！

我們來這裏是為了訓練你們磨練出強大的意志！

我又不是駱駝！我要喝水！

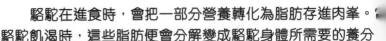

駱駝在進食時，會把一部分營養轉化為脂肪存進肉峯。當駱駝飢渴時，這些脂肪便會分解變成駱駝身體所需的養分，所以，駱駝經過長途行走之後，牠們肉峯往往會縮小很多。

脂肪→水分＋營養物質＋能量

別以為我只有肉峯，鼻子也是我的寶貝！

我們駱駝有「沙漠之舟」的美譽，渾身上下都是寶！

駱駝的鼻腔長有面積很大的呼吸黏膜，牠們在呼氣時，鼻腔會幫助回收呼出氣體中的水分，減低水分流失。

這隻駱駝用了一個駝峯啦！

不是啦，駱駝的品種有單峯和雙峯之分，只有一個駝峯的叫單峯駱駝，兩個駝峯的叫雙峯駱駝。

小淘，如果你也有駝峯就好了！

要是有駝峯，我就會變成駝背了！

為什麼跳蚤能跳得很高？

小小的跳蚤能跳多高呀？

我要是能像跳蚤跳得那麼高就好了！

跳蚤的後腿非常粗壯發達，後腿的長度比整個身體還要長。

嗖——

200倍

跳蚤是昆蟲界的跳躍冠軍，最高能跳超過20至30厘米，這可是跳蚤身長的二百倍啊！要知道現在的世界跳高冠軍也不能跳出自己身高兩倍的高度呢！

好厲害啊！跳蚤是怎麼做到的？

全靠這強壯的大腿，我們才能跳得這麼高呢！

除了強壯的後腿，跳蚤的中腿和前腿都可以同時向後蹲，用來協調整個身體的動作，這樣可大大增強跳躍的力量。

我們的目標是太陽系跳躍冠軍！

俗話說，我們要贏在起跑線，所以要跳得高，起跳很重要！

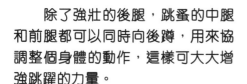

腿節
脛節

跳蚤在起跳前，肌肉發達的脛節緊靠腿節，然後用力收縮強大的脛節提肌，縮得越緊伸展開來的力量就越大，自然跳得就越高。

跳蚤住在哪裏啊？我想拜會牠啊！

動物的身上有機會有跳蚤。

嘍——

我放了一隻跳蚤在你的身上，希望可以幫到你學跳高！

你真會幫倒忙！

猩猩怎樣表達自己的感情？

我們能發出很多種不同意義的叫聲。

猩猩和大猩猩都是猿猴類，屬於靈長類動物。牠們很聰明，比其他動物更會表達情感，通常通過聲音、肢體動作等向外傳遞內心的信息。猩猩通常用擁抱和親吻的方式來安慰對方。

你會很快恢復健康的！

不要傷心啦，一會兒我給你再摘一個。

另外，生氣的大猩猩會激動地捶打胸脯、大聲地嚎叫來表達不滿！

你們快走開！我現在很煩躁！

考考你

哪一種動物是最接近人類的物種呢？

答案：黑猩猩。黑猩猩和人類的基因相似度高達98%。

為什麼蜘蛛不會被蛛網黏住？

叔叔，你在做昆蟲網子嗎？

用這個東西就可以抓到昆蟲了嗎？

我們用這個工具往蜘蛛網上一繞，就可以用來捕蟲啦！因為蜘蛛網有黏性，這樣可以黏住昆蟲了。

那蜘蛛為什麼不會被黏住呢？

這裏我要用不黏的蜘蛛絲來結網。

蜘蛛的腹部一般有2至3對棒狀的紡絲器,與每個紡絲器連接一個獨特的腺體;每個腺體產出不同的絲線,有的絲線是黏性的,有的是乾爽不黏的。

這樣,蜘蛛在網上活動時,會選擇待在沒有黏性的絲上,避免自己被黏住。

蜘蛛網通常不是垂直而掛的,蜘蛛會利用腳上的爪抓住蜘蛛網。有些蜘蛛會把牠的身體倒掛在蜘蛛網上,進一步減少了被黏住的可能性。

小心點,記住不要踩上黏答答的絲。

想黏着我?沒那麼容易!

救命啊，別過來！

怎麼蜘蛛網上掛着的全是昆蟲的空殼啊？

另外，蜘蛛的腳上長了許多粗毛，腳毛上那層薄薄的油就像潤滑劑一樣能起防黏的作用。

啊，真是新鮮的營養飲料！

有些蜘蛛捕食時，會向獵物體內注入一種溶解蛋白質的消化液，因為這種消化液不能溶解蟲殼，所以你才會看到那麼多空的蟲殼。

這麼厲害，難怪大家說從事科網的人都是很聰明的呢！

蜘蛛網跟你所說的科網並沒關係啦！

49

為什麼壁虎能「飛簷走壁」？

看，我輕功了得吧！

壁虎腳趾的結構非常奇特。牠四腳的趾扁平寬大，上面生有數以千計的微細毛髮，稱為剛毛。這些細小的毛髮就像很多微小鈎子，可以吸附物體表面，所以壁虎在任何粗糙的表面都可以行走自如。

這些微細的毛髮就是我們的秘密武器啦。

大家不要盯着我的肚皮啦。

壁虎的腳趾還有凹下去的軟墊，能起到「吸盤」的作用，所以即使是玻璃這樣光滑的表面也難不倒牠們。

那麼地上這個到底是什麼來的？

這是壁虎另外一個了不起的本事！壁虎的尾椎骨中有個光滑的關節面，當牠遇上危險時就可以劇烈地擺動身體，通過尾部肌肉強而有力的收縮，使尾巴的末端斷開落下。

剛脫落的尾巴，它的神經和肌肉尚未死去，所以會在地上抖動，起到轉移敵人視線的作用。壁虎身體裏有一種能刺激尾巴再生的激素，不久尾巴就會重新長出來。

我手腳上已經套上了吸盤，怎麼還不能飛簷走壁呢？

壁虎的身體構造是十分奧妙的，你的身體太重啦！所以爬不高。

為什麼蚯蚓被稱作「耕田能手」？

啊！有蛇出沒！

這不是蛇啦！牠們叫蚯蚓，曾被達爾文稱讚為地球上最有價值的動物呢。

牠們這麼小，能幫我們做什麼事情呢？

牠們的本領很高呢！

蚯蚓，你怎麼在跳肚皮舞？

你有所不知，我其實是在翻土呢！

蚯蚓以地面上的落葉或土壤中的腐爛有機物為食物，所以糞便中含有豐富的礦物質和微量元素，是珍貴的肥料。

蚯蚓的身體是長管狀的，有許多環節，兩端尖細。當牠在土中蠕動、鑽來鑽去時會翻鬆泥土，使更多的空氣和水進入泥土，讓土壤保持透氣，有利植物的根系生長。

我們的糞便是充滿養料的有機天然肥料！

蚯蚓的糞便可以滋養土壤，改善土質，是高效的有機肥料。一條健康的蚯蚓每年能翻動以噸計的泥土，是幫助農夫耕田的好幫手呢！

第一名

化學肥料

有些蚯蚓能夠吸收土壤中的汞、鉛和鎘等重金屬，有助減少環境污染，因此蚯蚓也被科學家視為用來幫助監測土壤重金屬污染濃度的動物。

我會吸收重金屬！

汞　　鉛　　鎘

蚯蚓一輩子都生活在地下，很低調的。

牠們真勤勞啊，一輩子都在地底下翻鬆泥土耕田！

所以蚯蚓是很受農夫歡迎的。

由於蚯蚓沒有呼吸器官，主要通過皮膚來進行呼吸。在下雨時，土壤被雨水滲透，令透氣度降低，蚯蚓就需要爬出土壤來呼吸。

我也會翻鬆泥土耕田！

真希望天天下雨，我就能天天放假了！

不要隨便亂翻土地！

為什麼狗的鼻子特別靈敏？

嗤嗤——

叔叔，我肚子餓了。
包子店
嘩，小狗真厲害！這麼遠就能聞到包子的香味，牠的鼻子真厲害啊！
其實，不只有她的鼻子厲害，所有狗隻的鼻子都是十分靈敏的！

為什麼小狗能嗅到遠處的氣味呢？

乖乖！我找了這條圍巾好幾天了！你的鼻子真靈敏！

動物鼻子的靈敏度，是取決於鼻腔中嗅覺黏膜的面積和嗅覺細胞的數量。狗的嗅覺比人類靈敏，主要是因為狗的嗅覺細胞數量比人的嗅覺細胞多出很多倍，因此敏感得多。

我聞到食物的味道！

狗的鼻子能分辨大約200萬種不同的氣味，而且，它還具有高度的「分析能力」和「定位能力」，能夠從許多混雜在一起的氣味中嗅出牠所要尋找的那種氣味。

狗鼻子的嗅覺細胞非常多，鼻頭那個光禿禿的部分有許多突起的組織和黏膜，能分泌黏液滋潤嗅覺細胞，使其保持較高的靈敏度。

任何氣味都逃不過我的鼻子！

同時，狗的嗅覺神經密布於鼻腔，而且和腦神經直接相連，所以靈敏度十分驚人。

狗的鼻子濕潤微冷，可以幫助阻隔塵埃。當狗生病時，鼻子就會變得乾乾的。

我們可不是在哭鼻子啊！

布拉拉！你在做什麼？！

你說鼻子濕潤可以幫助嗅覺變得靈敏嘛！我要去找幾天前丟失了的錢包。

真是被你氣死了！

為什麼變色龍被稱作「偽裝大師」？

布拉拉，你怎麼突然停下來呀？

你說紅燈不要走嘛！

牠們是變色龍，一種爬行動物，可不是紅色燈號！

變色龍？

我們的隱身術本領可是大師級，其他動物都望塵莫及呢！

變色龍的皮膚裏有一種可以變換顏色的色素細胞，能模仿周圍環境，把身體顏色變得和周圍的顏色相近，讓自己不容易被獵食者發現。因此，變色龍被稱為「偽裝大師」。

在神經的刺激下，變色龍身上的色素細胞的不同色素在各層細胞間變換，讓變色龍身體顏色作出多種變化。這種保護色既能幫助變色龍隱藏自己躲避天敵，亦能讓牠們更輕易地靠近獵物而不被發現。

嘻嘻，我一直在你旁邊啊！

嘩啊！你從哪兒冒出來的？

為什麼獵豹跑得特別快？

這個人在賽跑比賽中，每秒能跑10.4米！地球人真厲害啊！

我們地球人跑得不算快啦，地球上的動物才叫厲害呢！例如，獵豹這種動物在1秒中能跑30米呢！

嘩！牠們是怎樣做到的，教教我！

獵豹跑得這麼快，是因為牠有特殊的身體構造，你可學不來呀！

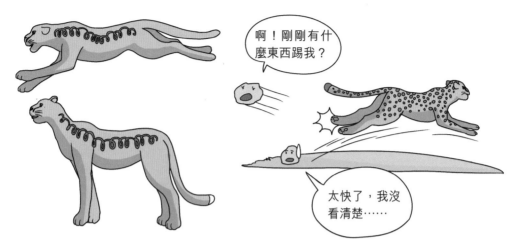

獵豹的體格修長，肌肉發達，而且牠的脊椎骨很長，富有彈性。當獵豹奔跑時，脊骨上下弓起，讓四肢可以盡量伸展以跨出更遠的距離，有助提高奔跑速度。

獵豹的爪子上有很厚很粗糙的肉墊，就像釘鞋那樣能緊緊抓住地面，所以即使獵豹跑得再快，也能跑得很穩。

獵豹的腿骨又細又長，肌肉強而有力，這些肌肉就像發條一樣，有強勁的爆發力，一隻成年獵豹能在2秒之內達到每小時100公里的速度！

而且，獵豹長而有力的大尾巴像一個靈活的舵，在奔跑時總是長長地伸向後方，並在需要急轉彎時發揮平衡作用，使牠不至於摔倒。

獵豹是陸地上跑得最快的動物,時速最快可達每小時120公里。

那獵豹可以輕鬆環遊世界,省下很多機票錢啦!

你可逃不掉!

所以,獵豹只能算是短跑冠軍。

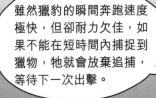

雖然獵豹的瞬間奔跑速度極快,但卻耐力欠佳,如果不能在短時間內捕捉到獵物,牠就會放棄追捕,等待下一次出擊。

哈哈,叔叔的爆發力也很強啊!

為什麼狼愛在夜裏嗥叫？

嗷嗷——

啊！

那是什麼聲音？好可怕！

好像鬼叫啊！

大驚小怪，這是狼在夜裏嗥叫的聲音啦！

這麼晚了，牠們怎麼不睡覺在亂叫呀？

難道在唱歌？

牠們在「打電話」啦！

狼的嗥叫聲是牠們與同伴互相聯繫的通信訊號。狼羣在不同的情況下會發出不同的叫聲，例如通過嗥叫來呼喚同伴、交換信息，又會把陌生的狼從自己的領地裏趕走。

狼嗥叫的目的之一是召集狼羣，比如母狼常發出叫聲來呼喚小狼，公狼又會召喚母狼，集合成羣後外出獵食。

為什麼蛇能吞下比牠體形大很多的食物？

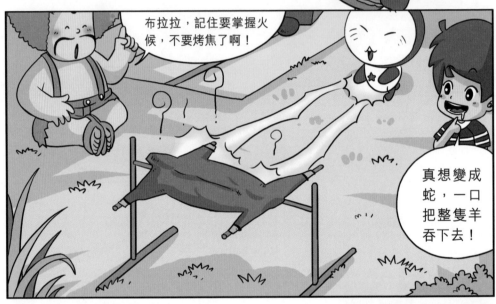

布拉拉，記住要掌握火候，不要烤焦了啊！

真想變成蛇，一口把整隻羊吞下去！

你有聽說過「蛇吞象」嗎？大概這麼粗的蛇就能吞下這隻烤羊了！

嘩，世界上有這麼大的蛇嗎？

不要大力按壓我啊！我的胸部沒有骨頭。

蛇的胸部沒有固定肋骨的胸骨，肋骨可以自由活動。所以，蛇從咽喉嚥下的食物，可以直接進入能夠擴大的肚子裏。

每當食物吞進食道後，身體肌肉就會慢慢收縮，讓食物很快進入胃裏。同時，蛇還會分泌出大量的唾液來幫助吞嚥。

糟了，吐不出來了。

蛇的消化能力十分強，除了鳥羽與獸毛等不能被消化之外，整隻獵物會被迅速消化，甚至連骨骼也會被消化掉。

還真是不浪費呢！

布拉拉！羊腿烤焦了，叫我們怎麼吃呀！

你們人類吃不了，我們外星人可以吃嘛！

為什麼大象用鼻子喝水不會嗆到？

嘩，這種動物居然用鼻子喝水，好厲害。

看，我布拉拉也可以用鼻子喝水呢！

咳咳咳！嗆死我啦！

你怎麼能和大象比？

為什麼大象這種動物用鼻子喝水時就不會嗆到呢？

喝水時嗆到，主要是因為水進入了氣管，阻礙了呼吸。

大象的長鼻子很靈活，有不同的功用，可以用來嗅氣味、呼吸、噴水、摘取食物、捲起東西和揮打敵人。

大象的氣管雖然與食道相通，但鼻腔後面的食道上方長有一塊軟骨，它的作用如同水龍頭的開關一樣。

我們有秘密武器啊！

比如這根竹子是大象的鼻子，一邊是氣管，一邊是食道。這塊關鍵的軟骨就在兩條管道的連接處。

當大象將水吸入鼻腔時，軟骨就將氣管口蓋起來，阻隔水進入氣管，所以牠就不會嗆到。當大象用鼻子將水噴出時，軟骨會自動打開，進行呼吸。

大象每次只能憋着氣喝一口水，多餘的水會隨着呼出的氣體從鼻子中噴出，因此，我們就會看到大象用鼻子噴水啦。

你們可以仔細看看大象鼻子的構造。

我又沒有透視眼！

讓我正面看看你吧！

大象的身體構造真奇妙！

哼，居然敢偷窺我們洗澡？！

為什麼長頸鹿的脖子那麼長？

快走開！
不要搶我們
的食物！

那是長頸鹿，長頸鹿是我們地球上個子最高、脖子最長的動物！

牠們是從長脖子星球來的嗎？

長頸鹿的頭和頸的長度佔整體身高的一半以上，牠頸項上的每根骨頭都特別長。

最初，長頸鹿祖先的頸並沒有現在這麼長，而它是逐漸演化變長的。長頸鹿以吃樹葉為生，當地面環境缺乏食物，牠們為了生存，就必須努力伸長頸覓食，吃樹頂上存留的葉子。

我也好想好想要長脖子啊！

長脖子除了能吃到高樹上的葉子，還有其他作用。

為了適應生活環境，長頸鹿的頸就變得越來越長。

長頸鹿身上的長脖子有助牠們察看到遠距離環境是否危險，讓牠們可以及時逃生。牠們修長的頸項則可以幫助牠們保持涼快。

長頸鹿的長脖子在漫步、跑動時會前後晃動，幫助身體平衡，這樣就能走得更穩啦！

為什麼蛇沒腳卻能爬行？

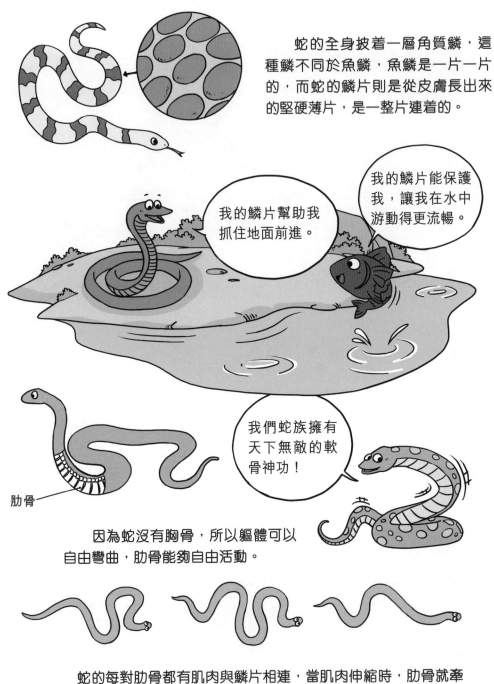

蛇的全身披着一層角質鱗，這種鱗不同於魚鱗，魚鱗是一片一片的，而蛇的鱗片則是從皮膚長出來的堅硬薄片，是一整片連着的。

我的鱗片能保護我，讓我在水中游動得更流暢。

我的鱗片幫助我抓住地面前進。

我們蛇族擁有天下無敵的軟骨神功！

肋骨

因為蛇沒有胸骨，所以軀體可以自由彎曲，肋骨能夠自由活動。

蛇的每對肋骨都有肌肉與鱗片相連，當肌肉伸縮時，肋骨就牽動着鱗片活動，將鱗片提起來、再放下，身體就向前移動前進了。於是，蛇就像邁開無數雙小腳行走一樣，帶動身體向前爬行。

蛇的椎骨前端有一對椎弓突，透過左右扭動身體，牠就能夠以蜿蜒的姿態移動。這樣，蛇通過身體的擺動，不斷對地面施加壓力，由此產生的反作用力就推動身體前進。

有時候我看見蛇會彎彎曲曲地前進，這是為什麼呢？

嗨！今天的搖擺舞跳得不錯嘛！

比老兄差得遠了！

當蛇的鱗片和地面接觸時，身體的前端先向前滑動，這種動作不但有助於蛇的爬行，也是牠能夠抓住地面的原因。如果把蛇放在光滑的地板上，牠就「寸步難行」了。

我明白了，原來是我的腳太少了，所以才沒蛇爬得快！

真是對牛彈琴呀！

為什麼響尾蛇的尾巴會響？

叔叔你有聽見水聲嗎？

嘎~嘎~

大家快跑啊！附近有響尾蛇出沒！

好險啊！剛才那可不是水聲，是響尾蛇發出的聲音！

響尾蛇很厲害的嗎？

響尾蛇是一種帶有劇毒的蛇，人類被牠咬到的話，會有生命危險！

放心吧，我們已經到達安全距離了！

響尾蛇的尾巴為什麼會發出聲響？

那我們再跑遠點兒吧！

響尾蛇尾巴會響的原理和我們吹哨子一樣。當人用力吹哨子時，哨子裏面的空氣振動，就發出響聲。

響尾蛇每次蛻皮時，尾巴末端就會留下一段沒有脫落的乾鱗片，這些乾鱗片會越積越多。乾鱗片裏的角蛋白質形成一個空腔，而空腔內由兩個空洞組成了響環。當響尾蛇快速搖動尾巴時，空氣流進出響環造成振動，它就會發出聲響了！

原來響尾蛇連尾巴也會唱歌呀！

牠的尾巴可不是用來唱歌的，而是有警示的作用呢！

啊，這裏有水呀！

快來吧！讓我吃掉你。

可惡的大象，你沒聽見警報聲嗎？走開呀！

響尾蛇會利用尾巴發出像流水似的聲音來引誘口渴的小動物，從而捕食牠們。另外，當有捕獵者靠近時，響尾蛇也會利用尾巴發出警告，嚇退敵人。

響尾蛇不斷蛻皮，尾巴上的響環會越來越長嗎？

不會，隨着響尾蛇不停地爬行活動，身上的乾鱗片會掉下來或是被磨損。野生響尾蛇的尾巴末端很少會有超過14片鱗片。

那是真的水聲啦！我們快去裝水啊！

響尾蛇又來啦！快跑啊！

蛇是卵生動物嗎？

雖然我是毒蛇，可是我也很愛我的孩子。

世界上的蛇種類很多，不同種類的蛇，生育子女的方式也不一樣。大多數的蛇都是用下蛋的方式來繁衍後代的，牠們會把蛋生在土坑、石縫或者落葉堆裏。

有的蛇不會下蛋，而是直接生下由卵膜包着的小蛇，剛出生的小蛇會馬上鑽破卵膜來到世界開始新的生活，這種繁衍方式就叫做「卵胎生」。

卵胎生的小蛇在母親體內的發育過程中，都是吸取受精卵供給的養分，而不是從母體吸收營養的。響尾蛇、蝮蛇、竹葉青、蝰蛇、多數海蛇和水蛇都是用這種方式繁衍後代的。

媽媽，母親節快樂！

考考你

蛇是用哪個器官嗅氣味的呢？

。頭舌：案答

為什麼蠍子喜歡在夜晚活動？

不要出去！小心外面有蠍子！

牠們該睡覺了吧？

才不是呢！蠍子最喜歡在晚上出來活動啦！

蠍子的視力很差，害怕強光，白天躲在土穴、石縫等陰暗處休息，夜間開始活動、覓食。

啊！牠們不喜歡太陽嗎？

對，蠍子大多晝伏夜出！

啊，陽光真討厭！

蠍子是一到晚上就會出來嗎？

這也不一定啊！要看氣溫。

蠍子，你今天怎麼早了回家啊？

天氣太冷啦！我要回家暖和身體。

蠍子的活動規律和氣溫有關，適合生活在攝氏25至39度的環境。在初夏和初秋時節，牠一般在傍晚和半夜外出覓食、飲水和交配；到氣溫較低時，牠外出活動的時間就會縮短，提前回家。

牠們對環境氣溫還真敏感啊！

這就是動物適應環境的方式呢！

唉！什麼時候才下雨啊？

下大雨可不好啊！我們都怕水淹啊！

蠍子既怕天氣過分的乾旱，又怕過分潮濕。天氣乾旱時，蠍子會爬到有些潮氣的地方棲息，以吸取水分；下雨水浸的時候，牠又會躲避到山坡上去。

蠍子的活動較為靜態，在固定的穴中羣居。蠍子膽小易受驚，一旦受到驚擾，就會躲避或靜止，甚至結羣遷居。蠍子在懷孕和產子期間會變得更警惕，一旦有什麼風吹草動，就立即潛伏隱蔽。

為什麼蛇要蛻皮？

那個掛在樹上的是什麼東西？

是風箏。

可是，你有見過面積這麼細長的風箏嗎？

這東西是蛇皮。

好殘忍啊！牠的皮被剝掉了！

不用怕，蛇蛻皮是正常的生理現象，蛇一般每隔兩三個月就要蛻一次皮的。

看，我們的孩子今年長高了很多啦！

蛇的身體會不斷長大，而皮膚上的鱗片卻不會長大。所以，每當身體長大時，牠就開始蛻皮。蛇蛻皮後就會變長、變粗壯一些。

蛇在冬眠時，生長會變得緩慢。到了春天，當牠們出來活動的時候，身體也開始迅速成長，所以這段時間蛻皮的蛇會明顯增多。蛻皮次數越多，說明蛇的生長速度越快。

春天來了，我的身體又長大啦！

蛇蛻皮時，牠們是被人用刀子把舊的皮剝下來嗎？好可怕！

當然不是，牠們蛻皮時有很多功夫呢！

不用塗抹油啦！我們的身體會自己分泌出潤滑液的。

快來塗上一些按摩油來幫助蛻皮吧！

蛇蛻皮時，在新舊皮之間會分泌出一種液體，這種液體有助於蛇的蛻皮。

蛇蛻皮時，會在粗糙的石塊或樹幹上摩擦，先從嘴角開始，使皮向後磨蹭蛻下，就像脫襪子一樣，把整層外皮脫下來。

身上這麼乾淨，剛洗澡回來呀？

嘿嘿，我蛻皮去啦！

誰說我要穿的？蛇皮是中藥材，可以用來治病的！

叔叔，你為什麼要偷蛇的「衣服」，你又穿不上！

為什麼貓走路時沒有聲音？

布拉拉，把遙控器給我！我想看其他節目。

嘩啊，遙控器長毛啦！

原來是隻貓啊！你什麼時候走過來的，我都沒聽見。

貓走路時幾乎沒有聲音,你哪會聽得見!

貓會輕功嗎?

貓的腳掌構造很特殊,上面有厚厚的肉墊,這層肉墊不僅在貓從高處跳下時可起到緩衝的作用,而且還可以作為行走時的「消音器」。

啊,你走路怎麼沒有聲音啊!

傻瓜,你自己走路也是沒聲音啊!

貓走路時,會先以爪尖離地,再用腳跟着地,牠們的動作輕盈,加上腳掌上長有柔軟的肉墊,自然不容易發出聲音。

我們是動物界的平衡木冠軍。

同時,貓的尾巴具有很強的平衡能力,這對於貓走路時減少聲音也有幫助。

為什麼螞蟻不必用嘴巴溝通？

你說什麼？
聽不見！

我是說，
你剛才說
什麼了？

啦啦，讓我們
熱烈地唱……

你為什麼要關掉
我的音樂？

你的聲音
太大，我
們都沒法
說話啦！

那你們可以學
習一下螞蟻，
牠們交流時
可是不用嘴巴
的。

啊？那牠們怎
麼交流啊？

今天會找到什麼食物呢？

螞蟻外出時，會把氣味留在牠走過的路上。找到食物後，如果食物太大，牠就會沿着自己留下的氣味來認路，快速地回家找同伴一起去搬食物。

這裏有一塊大蛋糕啊！我要回去叫幫手！

螞蟻回到洞穴，只需要用頭上的兩隻觸鬚相互碰一碰，就知道出現什麼情況了。就這樣一隻碰一隻，信息很快就能在蟻羣中傳開。

出發！大家一起搬蛋糕去！

螞蟻和同伴交流時，會從腹部或腿部的器官發出信息素含量豐富的氣味。螞蟻用觸鬚傳遞消息的秘密，就在於牠們的觸鬚上有許多負責聞氣味的敏感細胞。

為什麼牠們的觸鬚這麼厲害呀？

這真像在打電話一樣啊！

你又吃大蒜了！

現在明白了吧！我要去唱歌了，你們要多向螞蟻學習。

你幹什麼啊？

叔叔真笨！我剛剛已經用觸鬚告訴你，你的手機響了！

為什麼蝸牛爬行時會留下「足跡」？

飛機雲真好看！我長大也要駕駛飛機！

這裏也剛有一架飛機飛過呢！

這是蝸牛留下的「足跡」。

那麼蝸牛會駕駛飛機？

怎麼會，在哪兒啊？

當然不會啦！這是蝸牛留下的痕跡啦！

會是經過的蝸牛留下時的痕跡啦！

蝸牛是一種前進得非常緩慢的動物。牠們爬行時，腹足會緊貼地面，靠腹部肌肉伸縮起伏向前蠕動，緩慢地前進。

努力！努力！我們在天黑前一定能到達目的地！

蝸牛在爬行時，腹足的足腺上會不斷地分泌出一種黏液，這種黏液就像潤滑劑，幫助牠們滑行前進。

你需要溜冰鞋嗎？

不用了，謝謝！

因此，蝸牛經過的地方都會留下一條黏液的痕跡。這種黏液乾了後，看上去是銀白色的，這就是蝸牛的「足跡」。

蝸牛隨地大小便！罰款五元！

這是我的腳印啦，真沒見識！

鴨嘴獸到底是鳥，還是獸？

這種動物長得好像鴨子啊！有腳蹼，肯定屬於鳥類！

不對呀！我從書上看到，說地球上只有哺乳類動物是喝乳汁長大的，小鴨嘴獸也喝乳汁，牠們肯定是哺乳類動物啦！

你們不要爭論了啦！科學家為這個問題已經爭論了很久！

我引發了人類科學家的激烈爭論呢！

那科學家有結論嗎？

你們聽我細細道來。

鴨嘴獸是地球上罕有的會生蛋的哺乳類動物。牠會下蛋繁殖後代，但是卻以乳汁餵養孵出的幼崽。

乖寶寶，快快長大吧。

尾巴很快就長出來啦！

每年十月，雌鴨嘴獸會生下一至兩枚蛋，再經過10至12天孵化，幼崽就破殼而出了。幼崽長3厘米左右，眼睛沒有光感，也沒有寬大的尾巴。鴨嘴獸幼崽要經過三四個月的哺乳期才能發育完全。雌鴨嘴獸有乳腺，但是沒有乳頭，所以乳腺分泌的乳汁會順着毛流到腹部的小溝裏，幼崽仰卧着在腹溝縫中吸取乳汁。

拜拜啦！

鴨嘴獸的祖先早在侏羅紀時期就出現了，後來，地殼運動使澳洲大陸和其他大陸分開。避免了後來出現的哺乳類動物的生存競爭，鴨嘴獸的祖先得以在此生息繁衍，並一直保存着生蛋的原始狀態。

鴨嘴獸是澳洲獨有的珍貴動物，牠比爬行動物進步，但尚未完全進化至哺乳類，屬於最原始、最低級的哺乳類動物，對於研究哺乳類的起源有着重要的意義。

那牠們到底是什麼動物呢？

由於鴨嘴獸既會下蛋，又喝乳汁，生物學家們最後把牠們歸類為「卵生哺乳類動物」。

哈哈！我就說鴨嘴獸是哺乳類動物吧！

讓你贏一回啦！

為什麼眼鏡蛇會「跳舞」？

其實，蛇的聽覺不靈敏，只能聽到頻率很低的聲音，因此不可能對音樂有反應，更不用說隨着節奏跳舞了。

可是，蛇有非常靈敏的觸覺，所以弄蛇人在吹奏時，暗地裏會先用腳踏地面打節拍，筐子裏的蛇受到驚嚇就會立起身體。

弄蛇人一邊吹笛子，一邊左右晃動笛子，這是為了吸引蛇的注意。為了保持上身「站立」在空中，蛇會左右搖擺身體來保持平衡，這跟音樂節奏無關。因為一旦停止擺動，蛇就會倒在地下。

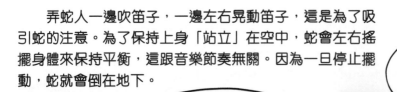

哼，我才不是跳舞給你們看呢！

眼鏡蛇真會跳舞！

當蛇受到驚擾，就會晃動身體示威，如果這個時候對方不退後，牠就會進行攻擊。

我經過特殊訓練，不怕你。

你再晃，我就咬你了！

當兩條眼鏡蛇在對峙，一起晃動，那就表示將要打架了。

難怪弄蛇人通常都只向一條蛇吹奏音樂，原來是怕太多蛇會打架呢！

你不要去挑釁毒蛇啊！

快出來！
快出來！

為什麼雞和鴨長有翅膀卻飛不高？

鴨子和雀鳥一樣長有翅膀，怎麼不會飛呢？

雞、鴨雖然都長有翅膀，可是翅膀退化了，所以不會飛了！

是呀！早起的鳥兒有蟲吃嘛！

雞鴨們的祖先，在恐龍時代就出現了，那時候牠們能夠在天空飛翔的。

這麼早就出門啦！

人類出現後，雞鴨類的祖先被人類圈養為禽畜，牠們慢慢習慣了被餵養的生活，不再需要用翅膀去飛翔，翅膀功能便漸漸退化了，再也不能飛到天空去。

我們的祖先也是會飛的啊！

鴨子，你不會飛吧？

現代雞鴨的翅膀和其他雀鳥的翅膀不同，已經不具有飛行中的平衡功能，而且結構也退化了，變得短小，張開時無法在空氣中產生動力，所以飛不起來了。

現在我們的翅膀只能用來擋擋雨啦！

而且，現在的家禽不用自己尋找食物，所以牠們的體重都超重，身體結構也發生了變化，就算翅膀不退化也飛不起來了。

只為區區一捧食，如今只能徒傷悲，徒傷悲啊……

這就是不減肥的後果啊！

和減肥沒關係啦！這是長期演化的結果！

為什麼狒狒的屁股那麼紅？

這種動物叫狒狒，是獼猴科的猴子。

牠的屁股就像紅色燈號啊！

狒狒屁股上並沒有長毛，皮膚裸露，所以會透出皮膚裏的血管顏色。狒狒成年後臀部血管會充血，這是發情、求偶的象徵。到了交配季節，牠們的屁股會變得通紅，膨脹起來。

你懂什麼？這說明我發育成熟了。

狒狒害羞得連屁股都紅啦！

我的屁股最近開始變紅了。

那麼這代表你已成年了嗎？

只有獼猴科的猴子（例如日本獼猴、阿拉伯狒狒等猴子）和黑猩猩才會有紅屁股，到了交配季節就更為明顯。

為什麼公雞會在早上啼叫？

小淘，快醒醒！

天還沒亮呢！

你聽！這是什麼聲音？

哎呀，就是公雞啼叫啦！

什麼是「啼叫」啊？為什麼公雞會啼叫啊？快告訴我吧！

好啦！好啦！敗給你了！

太陽出來啦！
大家快起牀！

公雞一般會在早上天亮前兩小時啼叫，提醒人們起牀，被人們視為農夫的好幫手。

早上啼叫，是我們的生活好習慣！

公雞有啼叫的習性是受到生理時鐘和體內分泌激素的影響。即使公雞長時間在黑暗的地方，牠仍會定時在清晨啼叫的。

誓死保衛家園！

公雞的啼叫與牠們體內雄激素的水平密切相關，雄激素水平越高，啼叫聲越洪亮。公雞是一種很好鬥的動物，會通過啼叫來宣示地盤。

為什麼鴨子走路時一搖一擺？

看，叔叔好像一隻大鴨子啊！

嗯，簡直一模一樣！哈哈！

鴨子也是這樣走路的嗎？

叔叔和鴨子是親戚關係嗎？

哈哈哈！當然不是啦！

鴨子的胸、腹寬廣而平坦，這種特殊的體形適宜在水中生活，牠的三個前趾之間有蹼相連。

為了加快游水的速度，鴨子會把腳的位置盡量向後移，使力的作用點在後，前進時就能又快又穩。經過長期的演變，鴨腳就變成長在身體腹部後方的位置。

我的體形是最適合在水中生活的！

腳掌盡量往後撥，一、二、一！往後撥！一、二、一！往後撥！

我們鴨子一搖一擺走路也是這個原理！

所以，鴨子上岸以後，雙腳不在身體的中間而是靠後方，而如果重心在前的話，就會使身體前傾而跌倒。

在陸地上，我們走路必須挺起身體後仰。

所以，鴨子在陸地上走路時必須挺起身體後仰，使身體的重心後移到雙腳中間，以保持平衡。

瞧你走路那樣子，真趣怪啊！

這正是我的招牌動作，真是少見多怪！

鴨子的腳比較短，向前走時身體也會隨之擺動。所以，走路時看起來一搖一擺的樣子。

嘿嘿，我要把叔叔趣怪的樣子錄下來。

你小心他酒醒了，不給你吃飯。

為什麼獅子常常仰着睡覺？

這樣仰着睡舒服啊！

為什麼人類要仰着睡覺？

你們人類好會享受啊！

你們又在説我什麼壞話？

不止我們人類，聽叔叔説，獅子也是仰着睡覺的。

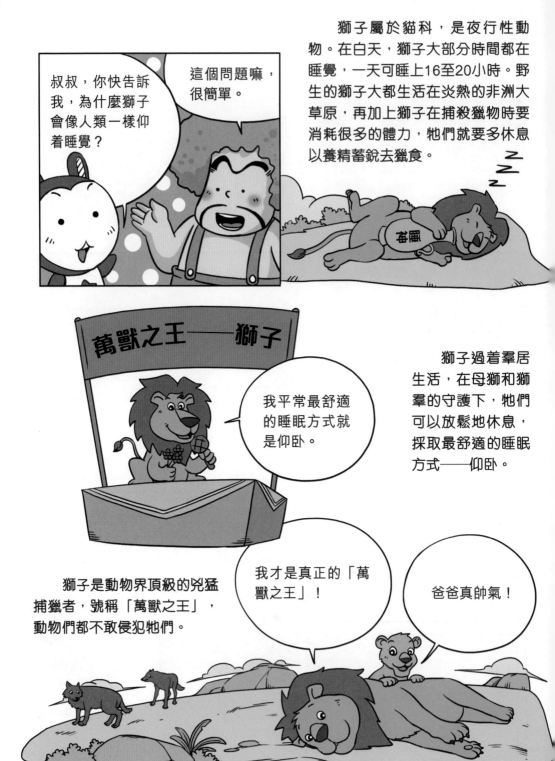

獅子屬於貓科，是夜行性動物。在白天，獅子大部分時間都在睡覺，一天可睡上16至20小時。野生的獅子大都生活在炎熱的非洲大草原，再加上獅子在捕殺獵物時要消耗很多的體力，牠們就要多休息以養精蓄銳去獵食。

叔叔，你快告訴我，為什麼獅子會像人類一樣仰着睡覺？

這個問題嘛，很簡單。

ZZZ

呼嚕

獅子過着羣居生活，在母獅和獅羣的守護下，牠們可以放鬆地休息，採取最舒適的睡眠方式——仰臥。

萬獸之王——獅子

我平常最舒適的睡眠方式就是仰臥。

獅子是動物界頂級的兇猛捕獵者，號稱「萬獸之王」，動物們都不敢侵犯牠們。

我才是真正的「萬獸之王」！

爸爸真帥氣！

在野生動物世界裏，動物們隨時面臨危險，要時刻保持警惕。因此，動物們是不會輕易暴露胸腹，避免受到致命的攻擊。

和獅子同樣身為「森林之王」的老虎，因為是獨居動物，為了安全也不敢仰臥着睡覺。只有過着羣居生活的獅子們才可以完全不用擔心生命安全，放鬆地隨性仰臥着睡覺。

家有賢妻，可以安心睡覺。

既然我們都喜歡仰着睡覺，一定能和獅子成為好朋友！

那你一個去見獅子吧！我可不去！

布拉拉，那可是非常危險的……

為什麼青蛙不吃死蟲子？

為什麼附近沒有蟲子可吃呢？

嘩，那麼多死蟲子就在旁邊，為什麼只吃我啊！

哪兒？我怎麼沒看到？

課堂上，老師告訴我們，因為青蛙的眼睛只對活動的東西敏感，死蟲子不會動，所以牠們很難發現死蟲子的存在。

看不見啊！

青蛙的眼睛沒有睫狀肌來調節凸出的晶狀體，所以牠們實際上是大近視。

因此只有活動的物體才能引起青蛙的注意。所以，青蛙並不是不吃死蟲子，而是根本就沒看見。

為什麼鱷魚要定期換牙？

這是叔叔旅行回來，送給大家的禮物。

這是鱷魚牙項鏈，很酷吧！

這是什麼動物的牙齒嗎？

那做這一條項鏈得殺多少條鱷魚呀？好殘忍！

別擔心，這些項鏈都是用撿來的鱷魚牙做的。

許多動物的牙齒在脫落後就不會重新生長，然而鱷魚的舊牙卻會定期脫落，長出新牙。

我們經常咬骨頭，牙齒都變鈍了，要趕緊換新牙！

鱷魚的牙齒屬於端生牙——端生牙沒有牙根，附在牙槽骨上，容易脫落。

沒關係，寶貝，很快會長出新牙的。

媽媽，我的牙齒掉了。

嗚嗚，我牙痛！

我們的新牙會自動替換舊的牙齒，完全不怕有爛牙。

在鱷魚的牙齦上，還有許多未發育的牙齒，當舊牙脫落後，牙齦下面的牙齒就會長出來代替脫落的牙齒。

為什麼獅子被稱為「萬獸之王」？

獅子是「萬獸之王」，非常兇猛呢！

這麼多隻羚羊，仍要怕這一隻獅子呀？

嘩，獅子哪裏厲害呢？

獅子的頭骨是貓科動物中最大的，雄獅體重可達170至270千克，體長達1.7至1.9米，是世界上力量最強大的動物之一。

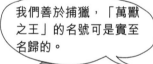

我可是獅中第一剪刀手啊！

我們善於捕獵，「萬獸之王」的名號可是實至名歸的。

獅子能用牙齒咬住100至200公斤的獵物並獨自拖走，還能一口咬斷成年斑馬的脖子。牠們的腳爪異常鋒利，舌頭上還長有骨質倒刺，可以削刮骨頭上的肉。

我們奔跑速度過人，出擊一矢中的！

當幾隻獅子一起追捕獵物時，牠們常常會把捕獵對象圍困起來，防止獵物逃跑。

獅子有時還會從獵豹等同樣兇猛的動物口中搶奪食物，這也說明「萬獸之王」可不是浪得虛名的。

好好給我獻上貢品，不然我可不客氣……

是，大王……

瞧，我這鬃毛、體魄和聲音，天生就是當大王的風範。

自戀狂！

雄獅子長有茂密飄逸的鬃毛，讓牠的形象顯得充滿氣勢，威風凜凜，加上牠有洪量如雷的吼聲，真是充滿捕獵王者的風範。

獅子憑着出色的捕獵能力，所以被人類稱為「萬獸之王」。

這個稱號真是威風無比呀！

好！叫「宇宙之王」也很好！

你們人類也給我封個「外星之王」吧！

為什麼大象的耳朵這麼大？

乖，想不想知道大象的大耳朵有什麼用呢？

那還不趕快給我道歉！

對不起啦！

你用電風扇可不環保呀！

大象的大耳朵主要用來調節體溫。大象的耳朵皮膚很薄，上面布滿微血管。天熱的時候，大象會不停地扇大耳朵，當比較涼快的空氣接觸耳朵的表面時，把熱量帶走，就能防止體溫升得太高。

我又不是你！有兩隻大耳朵扇風！

別怕，我們的大耳朵也可以幫助保暖。

天氣冷啦！注意保暖！

等到早晚氣溫比較低的時候，大象又會把耳朵緊緊貼在肩上，這樣可以減少身體熱量的散失。

我有一雙靈敏的大耳朵！

大象判斷聲源方向比其他動物更準確，因為大象耳朵大，雙耳間距離較大，對聲波的集中能力強，辨別能力也強。

當大象的有節奏地拍打兩隻大耳朵，還能驅散在牠們頭頂嗡嗡作響的蚊蟲。

嗚嗚！牠的大耳朵打傷我的屁股啦！

那大耳朵把我扇暈啦！

為什麼蚯蚓會「分身術」？

你們把我的魚都嚇跑啦！去給我抓蚯蚓！

怎麼這些小東西都長得一樣呢？

聽說牠們懂得「分身術」，所有的蚯蚓都是由一條蚯蚓變來的！

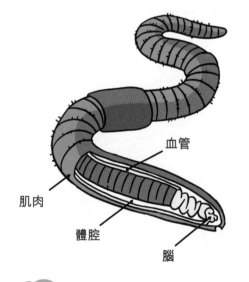

蚯蚓是一種環節動物，牠們的身體是由兩條「管子」套在一起組成的，在內外兩「管子」之間，充滿着體腔液。

血管

肌肉

體腔

腦

好複雜啊！聽不懂！

蚯蚓的結構很簡單，幾乎每個部分都是一樣的，所以這種結構使牠們擁有很強的再生能力！

當蚯蚓被切斷後，切斷部位的肌肉組織馬上加強收縮，並形成環狀，開始再生。

這時，血液中的白血球就會聚集在被切的地方，使傷口迅速癒合。

長呀長——

與此同時，身體裏的消化道、神經系統、血管等組織的細胞，通過大量分裂，迅速地生長。

有時候，當蚯蚓遇上捕獵者，牠會把身體的尾部斷裂一截，藉此躲避追捕。

牠們好厲害呀！

如果一條蚯蚓切成三段，中間那段能活嗎？

不同體段的蚯蚓再生能力不同，蚯蚓的前端及後端皆可再生。

如果切成四段呢？

那切成八段呢？

有魚啦！

小聲點，魚都被嚇跑啦！

為什麼兔子走路一蹦一跳？

布拉拉，你從哪裏把兔子抱來？

怎麼了？

兔子的腿摔瘸啦！

可憐的兔子啊！

兔子天生前肢短、後腿長，走起路來四肢不能平衡，所以看上去一蹦一跳的。

原來牠們的前後肢長短不一啊！

可是，兔子的彈跳力很強啊！

是的，兔子也具有不少獨特的本領！

給我吃的，我跳舞給你看。

你真會跳舞！

當兔子感到高興時，就會原地跳躍，並微微轉身、擺頭，就好像跳舞一樣。

你別再過來，我就要生氣啦！這樣後果很嚴重的呀！

兔子也可以用腳尖站起，這是牠在發出警告！

兔子是一種很可愛的小動物呢！

怪不得龜兔賽跑時兔子輸了，原來兔子的腳有毛病！

和外星人就是無法溝通！

小青蛙

世上有許多美麗的動物跟我們一起共享地球，你最喜歡哪一種
動物呢？一起來摺出一隻可愛的小青蛙吧！

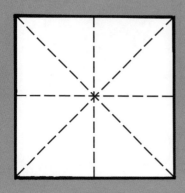

1. 先準備一張正方形紙，
   沿圖中虛線摺。

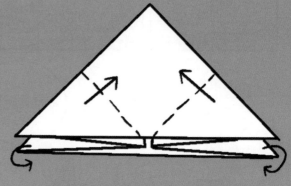

2. 摺成雙三角形。兩角再向中心
   摺，背面相同。

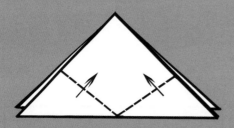

3. 把兩角沿圖中虛線向上摺。

4. 翻過來，兩邊沿圖中虛
   線向後摺。

5. 畫上眼睛，青蛙就
   完成了。

科普漫畫系列

趣味漫畫十萬個為什麼：動物篇

編　　繪：洋洋兔
責任編輯：胡頌茵
美術設計：陳雅琳
出　　版：新雅文化事業有限公司
　　　　　香港英皇道 499 號北角工業大廈 18 樓
　　　　　電話：（852）2138 7998
　　　　　傳真：（852）2597 4003
　　　　　網址：http://www.sunya.com.hk
　　　　　電郵：marketing@sunya.com.hk
發　　行：香港聯合書刊物流有限公司
　　　　　香港荃灣德士古道220-248號荃灣工業中心16樓
　　　　　電話：（852）2150 2100
　　　　　傳真：（852）2407 3062
　　　　　電郵：info@suplogistics.com.hk
印　　刷：中華商務彩色印刷有限公司
　　　　　香港新界大埔汀麗路 36 號
版　　次：二〇一八年九月初版
　　　　　二〇二四年八月第八次印刷
版權所有·不准翻印